지구환경구조대
우왝의 복수

엘레니 안드레아디스 지음

그림 스테파노스 콜치도풀로스
옮김 이순영

명 심 해 야 할 정 보

너는 이 일급비밀 책을 읽도록 선택받았다.

믿어지지 않는 거야?

계속 읽으면서 직접 확인해봐!

너 여기 있어

그래, 너! 맞아, 너 말이야.

드디어 찾았군! 너를 찾아서 온 세상의 도서관과 서점들을 헤매고 다녔거든. 오프라인, 온라인 할 것 없이 말이야.

기다려, 오, 안돼! 책을 덮지 마!

그래, 지금, 바로 이 순간 이 페이지를 읽고 있는 사람인 너에게 말하는 거야.

"어, 우리가 아는 사이인가요?" 네가 이렇게 중얼거리는 소리가 들리는군. "나는 편안하게 책을 읽으려고 한 건데……. 아저씨는 어디에서 나타난 건가요?!"라고 묻는군.

쉿! 걱정하지 마. 다 설명해줄게, 약속하지.

그러려면 우선 넌 문을 모두 닫고 커튼도 전부 내려야 해. 우리를 보는 사람이 없는 것 확실해? 수상한 도서관 사서가 보고 있는 건 아니야……? 호기심 많은 서점 직원이 부스스한 머리카락 밑에 카메라를 숨기고 어슬렁거리며 다니는 건 아니야……? 분명히 아니겠지?

지금부터 너의 일급비밀 임무를 말하려고 하거든! 옛날부터 있었던 그렇고 그런 임무 얘기나 하자는 게 아니라, 지구환경구조대 대원이 지금까지 맡아왔던 아주 중요한 임무 얘기를 하는 거야.

너는 코를 찡그리고 있구나. 지구환경구조대 대원들이 누구인지 몰라서 그러는 거야? 어른들이 지구를 구하는데 실패했기 때문에 어린이들로 구성된 그 비밀 엘리트 팀을 모른단 말이지…….

설명할 시간이 별로 많지 않아. 그러니까 지금부터 잘 들어야 해! 내가 다음 이야기를 하기 전에, 너는 이 위대한 임무를 맡겠다는 약속부터 해야 해. 혹시 그럴 마음이 없다면, 그래, 지금 얘기해.

"나는 겁쟁이에요." "나는 작은 닭처럼 조그마한 일에도 겁을 먹는단 말이에요." "꼬꼬댁-꼬꼬댁-꼬꼬댁!" "그냥 소파에 딱 붙어 피자를 먹으면서 텔레비전이나 보는 게 더 좋단 말이에요, 오메가 대원님!"이라고 말할 수 있는 마지막 기회야.

아참. 너무 흥분해서 내 소개하는 걸 잊었군. 나는 지구환경구조대 팀장 오메가야. 지구환경구조대에서 신입대원 교육을 맡고 있지. 안타깝게도, 지금 나는 멸종위기에 처한 종이야. 북극곰이나 코끼리하고 조금 비슷하긴 한데, 다만 작고 살구색인 사람이지.

넌 분명 이렇게 묻겠지. "왜요? 오메가 같은 멋진 사람이 대체 어떻게 멸종위기 종이라는 위험한 목록에 있게 된 거예요?"

이봐 친구, 왜냐하면 말이지, 지구환경구조대가 문을 닫게 되었거든! 아니, 문을 닫았다고. 그래, 겁 없는 아이들을 찾아서 지구환경구조대 대원 훈련을 시킨 다음 세상을 구하게 하는 그 비밀 조직 지구환경구조대 말이야. 믿기지 않겠지만, 내가 일하는 그 역사적인 구조대가 문을 닫았다고.

그렇기 때문에 우리는 네가 나서서 정말 무시무시하고 위험한 임무를 맡아주길 바라는 거야! 그러니까 멀리까지 가서 미지의 열대우림을 지나고 산을 올라가고 바다를 건너 갈 그런 용기가 네 안에 있는 거야?

만일 네가 "아니요."라고 대답한다면, 그렇다면…….

꼬꼬꼬꼬꼬꼬댁-꼬꼬꼬꼬꼬꼬댁-꼬-----꼬댁!!!!

대원, 네 용기는 어떻게 된 거지? 넌 죽음을 똑바로 보면서 씩 웃고 그랬잖아! 네가 세 살이라는 어린 나이에 사자를 길들이던 걸 기억해봐. 아. 잠깐만……. 내가 착각했네. 그건 다른 아이구나. 어디, 한 번 보자…… 그래, 분명 다른 아이야.

"**내**가 얘기하려고 했던 게 바로 그거예요!" 네가 조그맣게 중얼거리는 소리가 들리는군. 네 얼굴이 조금 창백해졌어. 넌 이렇게 말하고 있어. "뭘 잘못 알았네요! 나는 비밀 요원이 될 능력이 없어요. 그런 능력이 있었다면 내가 분명히 알았을 거예요." 너는 자신이 무능력하다고 느낄지도 모르겠어. (혹시 이 단어의 뜻이 뭔지 몰라서 알아야 한다고 생각한다면, 너는 그 뜻을 정확하게 느끼고 있는 거야.) 자, 내가 하려는 말은, 어느 순간 자신이 작다고 느껴보지 않은 지구환경구조대 대원은 하나도 없다는 거야! 정말로 위대한 대원들도 마찬가지야! 아무튼 간단히 얘기하면, 난 이렇게 말하려는 거야. 임무를 받아들여. 더는 시간을 낭비하지 말자. 벌써 10쪽이 되었잖아!

네가 임무를 받아들이는 건 내가 그러라고 해서가 아니야. 우리는 어쨌든 민주주의 국가에 살고 있잖아. 그렇지, 사실 우리에겐 다른 선택지가 없으니까 너를 받아들이는 거야.

너는 세상의 마지막 지구환경구조대 대원이거든.

수학공식으로 설명하면 이해하기 쉬울 거야.

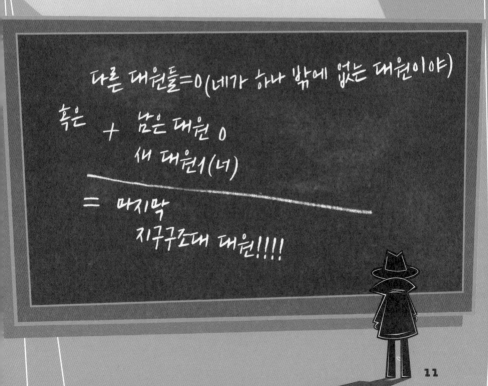

다른 대원들=0(네가 하나 밖에 없는 대원이야)

죽은 + 남은 대원 0

새 대원1(너)

―――――――――――――

= 마지막

지구구조대 대원!!!!

다른 용감한 지구환경구조대 대원들 모두, 그러니까 방글라데시에서 온 아니타, 그리스에서 온 제이슨, 미국에서 온 벤, 프랑스에서 온 마리 같이 듬직한 아이들이 전부 사라졌어! 그 아이들은 아주 중요한 임무를 맡고 지구환경구조대에 들어와서 의심스러운 단서들을 찾아 온 세상을 다니고 있었어.* 대원들이 떠나고 난 후 이틀 뒤에 아니타가 지구환경구조대 본부에 전화를 했어. 아니타는 그리스의 아테네에서 전화를 했는데, 다른 대원들도 함께 있었어. 그들은 몰래 고대 그리스 신전까지 올라갔어. 아니타가 작은 소리로 말했어. "우리가 세 개의 슈퍼무기를 찾았어요!" 하지만 그러고 나서…… 더이상 아무 말도 들리지 않았어! 그저 커다란 비명 소리가 나더니 점점 희미해지다가 사라졌어……. 그런 다음 어떤 여자의 사악한 웃음 소리가 축축한 공기와 안개와 이슬비를 뚫고 들렸어! (그래, 안개와 이슬비 부분은 내가 더 실감나게 표현하려고 그냥 덧붙인 것이고……. 날씨가 어땠는지는 전혀 몰라.) 그 뒤로는 아니타에게서 연락을 전혀 못받았어! 그런 지 일주일이 된 거야!

사라진 대원들 아니타, 제이슨, 벤, 마리의 비밀 대원 아이디와 사람들에 대한 정보

* 그 지구환경구조대 대원들이 얼마나 용맹한지 잘 모르겠다면, 《지구환경구조대・대원이 되다》를 읽어봐. 맹세하는데, 전부 사실이라니까!

사라진 대원들

- 마리 -

- 제이슨 -

- 벤 -

- 아니타 -

대원들이 사라지고 나서 사흘 째 되던 날, 완전히 난리가 났어. 부모님들이 정신없이 아이들을 찾았지! 기자들이 한꺼번에 몰려와서 어떻게 이 아이들이 전부 사라졌는지 물었어! 지구환경구조대가 존재한다는 것과 아이들이 사실 지구환경구조대 대원이었다는 걸 아무도 알아내지 못한 건 기적이야. 그래서 사령관 X(모든 일급비밀 책임자)의 엄격한 지시에 따라 지구환경구조대는 문을 닫게 된 거야. 분명히 우리는 지구환경구조대 역사상 가장 어두운 시간을 지나고 있어!

내가 여기 있다는 건 아무도 모르는데……. 지구환경구조대 대장 델타를 빼고 말이야. 델타는 내 윗사람이고 나를 여기 보낸 사람이야. 사령관 X가 델타에게 "그건 정말 위험한 일이니 생각도 하지 말라."면서 막았는데 말이지. 델타는 우리가 사라진 지구환경구조대 대원들을 반드시 찾아서 지구환경구조대의 문을 다시 열어야 하며, 환경을 망치거나 파괴하는 모든 것을 너 같은 아이들의 도움을 받아 물리쳐야 한다고 생각하거든. 왜냐하면 어른들이 세상을 구하기만 기다리다가는……. 흠, 나는 별 기대를 하지 않을 거라고만 얘기할게. 어른들은 이미 모든 걸 충분히 망쳐놨으니까 말이야, 그렇지?

네가 임무를 받아들인다면(그렇게 하기로 우리는 다 얘기가 됐잖아!), 너의 임무는 세 개의 슈퍼무기를 찾고 지구환경구조대 대원들을 구하는 거야.

자, 걱정할 것 없어. 네가 임무를 시작하는 데 필요한 단서들을 우리는 굉장히 많이 갖고 있거든. 그래, 맞아. 당연하지! 우리는 단서를 하나만 갖고 있는 게 아니야. 두 개나 갖고 있다고.

첫 번째 단서는 지구환경구조대 대원들이 납치된 파르테논 신전에서 발견되었어. 지구환경구조대 대원 벤이 잡히기 직전에 자기 휴대폰의 녹음 버튼을 누른 다음 그걸 자갈 아래에 숨겨 두었어. 그 덕에 우리는 그 못된 유괴범이 한 말 중 많은 부분을 알 수 있었지. 다음 내용을 확인해봐!

아주 악랄한 유괴범 말을 녹음한 일급비밀 내용

[남자 목소리] 우리는 그 어느 때보다 강해! 아무도 우릴 막을 수 없어!

[여자 목소리] 맞아요, 여보…… 하지만, 우리를 완전히 막을 수 없는 건 아니에요. 지구환경구조대 대원 아티나가 말한 것처럼…….

[남자 목소리] 아니타인지 뭔지. 지구환경구조대 대원들인지 뭔지. 이제 우리가 다 잡았잖아! 비너스 계획이 이제 거의 다 완성됐다고!

[여자 목소리] 맞아요! 우리 계획에 따라 전부 망해가는 광경을 이미 보고 있잖아요. 얼마나 기분이 좋은지!

[남자 목소리] 이 지구에서 북극곰들이 살아가길 바라느냐고! 당연히 아니지!

[여자 목소리] 그 곰들은 사실 하는 게 아무 것도 없잖아요? 펭귄이나 판다들은 어떤가요? 내가 볼 때는, 그냥 까맣고 하얗기만 해서 사람을 우울하게 한다니까요.

[남자 목소리] 내 생각도 꼭 그래. 그럼 코끼리는?

[여자 목소리] 코끼리가 몸무게를 몇 킬로그램 빼고 체육관에 가서 운동을 한다면……. 그러면 다시 한 번 생각해볼게요.

[남자 목소리] 그거 말이 되는데. 그럼 사람들은 어때? 사람들은 지구에 있는 게 좋을까?

[여자 목소리] 당연히 아니죠! 손가락으로 코를 후비는 사람들이 얼마나 많은 줄 알아요? 아, 모든 게 완벽하겠는데요. 만년설은 완전히 녹을 거예요. 불과 홍수와 태풍은 많아지고요. 사람의 흔적이 없는 내일이라, 빨리 그 날이 왔으면 좋겠어요!

(사악한 웃음소리가 축축한 공기와 안개와 이슬비를 뚫고 들린다)

하하하하하하하!

만일 이 지도를 발견한다면,
우리를 구하려고 하지 마세요.
분명 당신은 죽을 거예요.

위험!!

텍사스

아테네

31.9685988 -99.9018131
N31° 58.1159', W099° 54.1088'

아마존

39.983917
23.7293599
N39° 59.038'
E023° 43.766'

-2.6446517
-56.9479281
S02° 38.6791'
W056° 56.8787'

퍼즐을 완성하는 세 개의 조각!

두 번째 단서는 우리가 발견한
지도인데, 거기에 지구환경구조
대 대원 아니타가 빼곡하게 휘
갈겨 쓴 글씨가 있어.

17

넌 이렇게 생각하겠지. "잠깐만요! 그 지도의 제목은 읽은 거예요?! 그 이상한 글자들은 다 뭔가요?"

있잖아, 나는 네가 1초라도 더 걱정하는 걸 원하지 않아. 그래서 도움이 될 엄청난 지구환경구조대 비밀 도구를 이야기해 줄게. 준비 됐어? 그건 네 화장실에 있어. 자 어서…… 들어가 봐……**짜잔! 거울이야! 그래, 화장실 거울 앞에 그 지도를 들고 서서 암호로 된 단어들을 읽어 봐……**。이제 기분이 좀 풀리니? "아니요."라고 이야기하는 거야?

그래, 솔직히 인정할 건 인정해야지. 그건 그냥 거울일 뿐이야……. 넌 지구환경구조대가 문을 닫았다는 말을 이해 못 한 거야? 사실 좋은 도구들은 모두 그 잠긴 건물 안에 있어…….

자, 이제 무얼 어떻게 해야 하는지 얘기해보자고……. 너는 지금 혼자야. 혼자서는 힘들어. 하지만 좋은 소식이 있어. 그건 네가 혼자서 이 임무를 수행하는 게 아니라는 거야. 델타가 그렇게 말했어.

그런데, 솔직히 너와 함께 할 대원이 완벽한 것과는 거리가 좀 있어. 배트맨도 분명 로빈이 더 강해지고, 박쥐를 더 좋아하길 바랐을 거야. 하지만 그렇지 않잖아. 그래, 사실 너를 도와줄 딱 한 명이 있는데 지구환경구조대 대원 훈련을 받고도 최종 시험에서 마흔 세 번 떨어진 아이지. 그래, 43번 말이야.

이 반쪽짜리 대원의 이름은 구니야. 구니의 성은 버터핑거야. 지구환경구조대 대원 훈련을 받은 구니 버터핑거는 너에게 믿을 만한 조수가 될 거야! 구니가 사라진 지구환경구조대 대원 제이슨의 집에서 널 기다리고 있어.

네 임무는 이미 시작되었어! ……왜 아직 여기 있는 거야?!

빨리 출발해!

잠깐! 조금만 기다려봐. 네게 이 시계를 줄게. 임무를 완수하기까지 남은 시간을 알려주는 시계야. 아, 그리고 이 태블릿 컴퓨터로는 네 일이 어떻게 되어가는 지에 대해 나와 델타에게 문자를 보낼 수 있어.

24:00:00

내가 가기 전에 마지막으로 한 가지 짤막한 정보를 줄게. 그렇게 중요한 건 아니지만, 그래도 얘기할게.

너는 24시간 안에 임무를 완수해야 하고, 그렇게 하지 못하면 사령관 X가 지구환경구조대 본부에서 자폭 버튼을 누를 거야. 그러면 건물 전체가 요동치며 지구의 핵 속으로 빨려 들어갈 거야. 엄청난 지진이 따라올 수도 있고 아닐 수도 있어 (그 버튼을 한 번도 사용해본 적이 없거든). 지구환경구조대가 없다면, 지구도 영원히 사라질 거라는 건 조금의 의심도 없이 확실해.

네겐 시간이 많이 남아 있지 않아. 알고 있지? 이제 출발해. 이런, 벌써 떠난 거야?!!!

빨리 출발해!

쪽 대원
구니 버터핑거

암호명: 아직 암호명이 없지만 늘 내 사촌인 제이슨처럼 지구환경구조대 대원이 되어서 진짜 대원 소개 아이디를 갖고 싶었어요. 제발 진짜 아이디를 주세요. 그러면 지구환경구조대 대원 훈련을 통과하기 전까지 아무에게도 보여주지 않을 게요. 약속해요. 감사합니다. 구니

나이: 8 그리고 반
성별: 남자

구조대원 활동 기간: 나는 지구환경구조대 대원이 정말 되고 싶고, 마음속에서 나는 이미 구조대 대원이고 오래 전부터 그랬고, 정말 맹세하는데, 나는 정말 진짜 구조대 대원 아이디가 필요해요, 정말 고마워요, 구니.

P.S.

나는 매일 구조대 대원이 되는 연습을 해요

장점:

좋아하는 ~~자세 동물:~~ 내 딱정벌레인 위니프레드.

왜냐하면 내가 원할 때마다 위니프레드에게 말을 할 수 있고 위니프레드는 언제나 내 말을 알아듣거든요, 구니.

P.S. 정말로 우리 엄마는 이 딱정벌레를 장미 딱정벌레라고 하는데, 우리 정원에 있는 장미꽃을 다 먹어치우기 때문이에요. 엄마는 장미꽃이 더 좋다고 말하지만 나는 딱정벌레가 더 좋아요, 구니.

고향: ~~영국의 런던~~ 반은 엄마, 반은 아빠에게서 왔음

좋아하는 과자 : 모든 과자

비밀 무기: 걸핏하면 자기 발에 걸려 넘어져서 다친다. 가끔 휘청거리다가 적도 같이 넘어뜨린다고 한다…… 우연히.

비밀 슈퍼파워: 오랫동안 쭈그리고 앉기

총평: 이 아이는 정말로 지구환경구조대 대원이 되기를 원하며 포기하지 않을 것이다. 이것이 이 아이의 비밀 무기인가? 지구환경구조대는 결점을 버리지 못했다.

너

를 만나서 정말 반가워! 이제 오메가가 없으니 내가 뭐 하나 고백할까? 나는 진짜 긴장이 돼! 내 사촌 제이슨 말고는 다른 지구환경구조대 대원을 만나본 적이 없거든. 그러니까…… 저…… 네가 괜찮다면…… 사인 좀 부탁해도 돼?

22

저, 전문가인 네가 생각할 때, 우리가 제이슨을 찾을 수 있을까? 나는 벌써 제이슨이 아주 많이 보고 싶어. 내 딱정벌레인 위니프레드도 제이슨을 보고 싶어 해.

나는 마침 기후변화에 대해 읽고 있었어. 제이슨은 맨날 기후 생각만 했거든. 자, 이 게시판을 좀 봐. 여길 보면, 기후변화 다시 말해 지구 온난화라고도 하는 그 기후변화는 비가 오거나 눈이 오는 것처럼 우리가 매일 보는 날씨 변화하고는 다른 거라는 말이 있지. 기후변화는 오랜 시간 동안, 그러니까…… 30년 정도 되는 시간 동안 한 지역에서 나타나는 날씨변화를 말하는 거라고 해.

흠, 내 반쪽짜리 지구환경구조대 대원의 본능 - 배가 꾸르륵 거리는 바로 이곳에서 주로 느끼거든! - 은 이 기후변화라는 게 아마-----도 나쁜 것일 거라고 크게 소리치고 있어.

이런, 이 우웩이라는 자가 얼마나 무시무시한지 한번 봐! 이 자는 기후변화를 일으키는 온실가스야. 진짜로 냄새가 나지는 않지만 식물에게는 아주 더럽고 구역질나는 것이지. 아, 고약한 냄새를 봐……이크! 바로 여기에 고약한 냄새의 진짜 이름이 메탄이라고 적혀 있네. 고약한 냄새도 우웩처럼 온실가스인데, 단 이 지독한 냄새는 젖소들이 방귀를 뀌거나 트림을 할 때 혹은 우리가 버린 쓰레기가 쓰레기 매립지에서 썩을 때 공기 속으로 들어가…….

아주 당혹스러운 일이 일어났어. 하지만 상관없어. 왜냐하면 나는 사라진 지구환경구조대 대원들을 구출할 완벽한 계획을 이미 생각해놨거든! 준비 됐어! 자 우리가 할 일은 내 딱정벌레인 위니프레드를 우주선에 태워서 하늘 높이 날리는 거야. 위로 올라가면 위니프레드는 제이슨과 다른 대원들이 어디 있는지 볼 수 있을 거야! 그런 다음 위니프레드는 다시 돌아와서 우리에게 얘기를 해주는 거지! 어때, 기발하지 않아?

24

25

버터핑거 말고 도움을
줄 수 있는 다른 사람이
혹시 있을까요……?
혹시 다른 사람은……?

미안하다. 다른 사람은
없다…… 우리가 온 사
방을 찾아봤어!

너는 내 계획이 별로라고 생각하는 것 같구나. 위니프레드가 날개를 펄럭였는데, 그건 자기도 믿지 못하겠다는 뜻이야……. 미안해. 최선을 다해서 더 좋은 계획을 생각해 볼게. 좀 더 지구환경구조대 대원다운 계획 말이야. 나는 할 수 있어. 할 수 있고말고. 왜냐하면 마음 깊은 곳에서, 아주 깊은 곳에서, 정말 깊은 곳에서 나는 이미 지구환경구조대 대원이니까! 내게 조금만 시간을 줘. 일주일……. 최대한 말해서 한 달……!

아, 저 시계가 고장이 났나?
잠깐만 시계 숫자가 점점 올라가는
게 아니라 내려가고 있는데, 그래 너도
그 말을 하려고 했구나! 너 나한테
초콜릿 바 한 개 줘야 한다. 와, 너는 지
구환경구조대 대원 일에 소질이 있구
나. 넌 아마 더 능력 있는 아이와 임무
를 완수하고 싶었겠지……. 하지만 난
너를 실망시키지 않을 자신이 있어. 진
짜야! 나는 아무 것도 두렵지 않아…….

흠. 마지막 지구환경구조대 대원을 칭찬하기 위해 어쩔 수 없이 여기에 왔어.

아, 여보, 이것 봐요! 소파 뒤에 숨어 있는 저 통통한 아이가 정말 귀엽네요. 우리가 자기를 못 볼 거라고 생각하는데, 오른쪽 신발이 다 나와 있잖아요. 그런데 책을 읽고 있는 아이는 좀 마음에 안 들어요! 똑똑해 보이는 걸요. 잡아서 아예 거기까지…….

여보, 더 말하면 안 돼! 이 아이들에게 내가 지구환경구조대 대원들을 어디로 데려갔는지 말하면 안 된다고!

아이 참, 당신도! 이 아이들이 거기서 지구환경구조대 대원들을 찾을 수나 있을 것처럼 말하네요……. 갈 수나 있겠어요? 날개도 없잖아요.

악당들이 영화에서 하는 실수를 똑같이 할 마음은 없어! 당신도 알잖아. 악당들이 일을 끝내기도 전에 그 사악한 계획을 떠벌리다가 좋은 놈들에게 들켜서 다 망치는 거 말이야. 바로 이런 순간에 제대로 써먹지 못한다면 뭣 하러 그런 영화를 다 본 거겠어? 나는 비너스 계획에 대해 한 마디도 안 할 건데……. 그것 말고도 자랑할 건 얼마든지 있으니까. 지구환경구조대 대원을 우습게보면 안 돼, 여보! 그런 건 나처럼 강력한 이산화탄소 온실가스가 아니더라도 알 수 있는 거잖아.

30

아, 여보, 그렇게 겸손해하지 말아요! 당신처럼 강하고 눈에 안
보이는 가스, 당신처럼 사람들이 석유와 석탄 그리고 천연가
스 같은 화석연료를 태울 때 공기 속으로 들어가는 가스는 말
할 필요도 없이 모든 것에 대해 모든 걸 누구보다 더 잘 알죠.

 흠. 내가 엄청난 존재라는 건 분명하지. 그 사실에는 조금도 반
대하지 않아. 내 말은, 내가 태양열을 지구의 대기에 가둔다는
것이지. 그건 쉬운 일이 아니거든.

여보, 그러면서 당신은 온 세상을 뜨겁게 만들어 기후가 변하
게 하잖아요. 사람들이 다 알게 해야 한다는 걸 잊지 말아요.
안 그러면 제대로 대접받지 못할 테니까. 기후가 변하면서
이미 북극과 남극의 얼음이 녹고 바닷물 높이가 올라가
고 있다는 걸 모든 사람이 아는 건 아니잖아요. 그렇게
해서 물난리가 나거나 오랫동안 엄청나게 덥거나 불
이 나거나 가뭄이 드는 것처럼 무시무시한 재앙이 온
다는 것도 모르는 사람이 있고요. 당신은 나쁜 일이
일어나게 하는 데는 정말 최고 능력자예요.

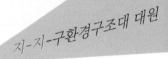
지-지-구환경구조대 대원

들었어? 저-저들이
우리가 제이슨 게시
판에서 본 기-기-기
후변화 얘기를 하고
있잖아!

Ξ1

이제 그만! 여보, 한 마디도 더 하지 마. 의자 뒤에 있는 아이가 뭐라고 하고 있잖아. 내가 완벽한 악당이라고 하고 이쯤에서 그만…….

그래도 당신이 항상 나빴던 건 아니에요. 어렸을 때는 정말 귀엽고 착했잖아요!

아, 그렇지. 어렸을 때는 참 사랑스러웠지. 그때는 천진난만했어. 내가 세계 지배에 대해 뭘 알았겠어?

지-지-지구 구조대 대-대원, 들었어? 저 우왝 말은 온실효과 덕분에 지구에 생명체들이 살고 있으니까 옛날에는 자기가 착했다는 건데……. 방금 전에 제이슨의 게시판에서 읽은 거야! 대기라고도 하는 우리 지구의 공기 속에는 우왝이 조금은 있어서 태양열을 어느 정도 붙잡아둬야 하잖아. 안 그러면 우리는 얼어 죽을 테니까. 우왝이 그렇게 많아지고 악당이 된 것은 우리 잘못인데, 사람들이 석유 같은 화석연료를 태울 때 우왝이 점점 더 많아지기 때문이야. 우리는 그러니까, 쉬지 않고 그렇게 하고 있었던 거야! 이제 지구의 대기 속에는 우왝이 엄청나게 많아져서 지구를 너무 뜨겁게 달구는 거야!

여보, 내 사랑, 당신과 다른 온실가스 무리가 없다면 나는 어떻게 살아갈까? 1880년 이후로 지구의 온도는 이미 섭씨 1도가 올랐어! 모든 게 우리 덕분이지!

모든 게 지금과 같다면 다음 100년 동안 지구의 온도는 2도에서 4도 더 오를 거예요. 우리는 꿈을 크게 갖는 걸 두려워하지 않았잖아요, 안 그래요, 여보?

지금 이 순간을 그림으로 표현하고 싶다는 충동을 억누를 수가 없어.

지구환경구조대에게

우웩이 사라진 지구환경구조대 대원들을 납치했어요. 지독한 냄새의 도움을 받아서요! 우웩과 지독한 냄새는 사람들이 기름과 가스 같은 화석연료를 태울 때 공기 속으로 들어가는 두 가지 가장 중요한 온실가스예요. 그들의 진짜 이름은 이산화탄소와 메탄이고요. 다른 온실가스와 함께 그 둘은 기후변화를 일으키는 온실효과의 원인이에요. 모든 게 지금과 같다면 앞으로 100년 뒤에는 지구 온도가 4도까지 더 올라갈 위험이 있대요! 그렇게 되면 얼음이 다 녹고, 바닷물 높이가 더 올라가고, 심지어는 도시들 전체가 바다 밑으로 사라지는 것처럼 어마어마하게 큰 문제들이 벌어질 거래요! 지구환경구조대 대원들은 그런 일을 막으려고 했고 아니타가 우연히 뭔가 중요한 것을 발견했는데……. 하지만 그게 뭔지는……?

잠깐! 위-위-위-니프레드가 이제 도망칠 때라고 말하려고 해! 저 둘은 그림을 그리느라 바빠서 우리한테 관심을 두-두-두지 않는데…… 분명히 얘기하는데 내 목-목-목소리가 떨릴 수도 있지만 나는 절-절-절대 무서워하는 게 아니야…… 나-나-나는 무섭지 않아!

지도를 보니까, 아니타가 아마존 열대우림이 있는 곳에 '숨을 쉴 것.'이라는 글자를 썼어요. 그 단어 옆에 있는 숫자들은 뭔가가 숨어있는 특별한 곳을 나타내는 것 같아요…… 이걸로 어떻게 우웩의 사악한 계획을 멈출 지는 잘 모르겠지만, 알아낼 수 있는 한 가지 방법이 있어요!

너 또 문자를 보내는 거야?! 건-건-건방지게 굴고 싶진 않지만 지금은 아무래도 친구들하고 얘기를 나눌 때가 아닌 것 같은데!

우와! 그 모든 걸 혼자 생각해낸 거야 아니면 태블릿에 원래 있던 거야?

P.S. 내가 정말로 구니하고 같이 아마존에 가야 하는 건가요?

좀 더 의논해서 바꿔볼 수는 없나요?

완전히 결정이 난 거군요.

좋아요, 알겠어요. 버터핑거하고 공항에 갈게요.

그래

없어

그래!

친환경 비행기

우리의 첨단기술 비행기는 태양열을 연료로 쓰기 때문에 휘발유를 연료로 쓰는 보통의 비행기들처럼 우욀이나 지독한 냄새를 만들지 않아. 비행기 위쪽에 있는 태양광 패널들 보여? 그 패널들을 사용해서 태양 에너지, 그러니까 끝없이 쓸 수 있고 재생할 수도 있는 에너지를 만드는 거야. 그건 화석연료처럼 쓰면 없어지는 게 아니야. 이 비행기가 우욀이나 지독한 냄새를 만들지 않기 때문에, 그 둘은 당분간 널 찾을 수 없을 거야. 하지만 넌 서둘러야 해! 제이슨 방에서 이미 한 시간이나 낭비했어! 그만 빈둥거리라고!

P.S. 그렇게 오랫동안 뭘 한 거야, 비디오 게임을 한거야?

36

다들 어디 간 거야?

아, 걱정하지 말아요, 여보! 다시는 그 둘을 볼 일이 없을 거예요. 지구환경구조대 대원 한 명하고 반쪽자리 지구 환경구조대 대원이 우리의 비너스 계획을 막고 세상을 구한다고요? 지금껏 들어본 얘기 중에서 제일 웃기네요!

지구환경구조대 대원들을 무시하지 말라고 얘기하지 않았나?

알았어요. 하지만 우리에게 아주 사악한 무리가 있잖아요. 그 중 하나를 보내서 그 둘을 쫓게 하자구요. 아, 기름빨대, 올리는 어떨까요? 사람들이 원유 굴착용 플랫폼에서 실수를 한 덕에 지금 편안하게 있잖아요. 사람들이 바다 속 깊숙한 바닥에서 기름을 뽑아낼 때 파이프가 터졌거든요.

좋은 생각이긴 한데, 올리가 거기에 있는 물고기와 새들을 다 죽이긴 한 거야? 완벽주의자니까 그랬겠지.

갈매기들은 다 끝냈어요! 아마 그 시커멓고 끈적끈적 한 심장 덕분에 지구환경구조대 대원 한 사람 반쯤은 1초도 안 걸려서 빠져죽게 할 거니까요!

비행기 안에서
내가 한 메모:

힌트1
"비너스 계획"

~~신인가?~~

~~내가 휴일에 플로리다에서 만났던 비너스라
는 미국 소녀인가? 멋져 보였는데…~~

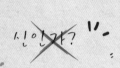

행성 비너스, 즉 금성과
관계있는 사악한 계획인가?

✔ 행성 비너스에 대해 내가 알고 있는 것

1. 하늘에서 가장 밝은 별

2. 올림포스의 12신 중 하나이며 미와 사랑의
   여신은 아프로디테이다. 아프로디테의 로마
   식 이름은 비너스이다. 바로 이 이름으로 행
   성의 이름을 붙였다. 우웩이 그리스와 로마
   의 역사를 사랑하는 것 같진 않은데…… 그
   렇다면 왜 이 행성을 택했지?

3. 이 행성은 우리의 태양계에 있다.

4. 비너스에는 생명체가 살지 않는다.

5. 비너스의 대기는 거의 우웩으로 이루어져
있다. 97퍼센트가 이산화탄소다!
산소는 없다. 지구의 공기에는
우웩이 0.04퍼센트뿐인데도 기후변화와
관계된 문제들이 많은데……
비너스에는 사람이 살 수 없다.

우웩이 지구환경구조대 대원들을
그곳으로 데려간 것이 아니길
간절히 바란다.

우웩 0.04%   우웩 97%

6. 비너스라는 행성은 굉장히 뜨겁다. 인터넷
에서 찾아봤더니 섭씨 462도다. 그곳의 온
실효과는 완전히 정상이 아니다! 지구의 평
균 기온은 섭씨 14도다.

우웩의 계획은 지구를 비너스처럼 만드는 것인가?

지구환경구조대 대원, 내가 여기에
낙서하는 걸 기분나빠하지 않았으면
좋겠어. 다른 종이는 없는데 너무
따분하고 그래서……
거의 다 온 거야?

저리 가! 얘들을 건드리지 마!

재에에에에에에규어! 저 괴----물이 나를 죽이려고 해!

괜찮아. 재규어는 괴물이 아니야! 그냥 아름답고 커다란 고양이야. 사실 재규어는 아주 친절해. 내가 숲속에서 산딸기 찾는 걸 도와주기도 한다니까! 그런데 재규어 꼬리는 밟지 않는 게 좋을 텐데…… 혹시 모르니까 말이야.

도--와줘! 비행기 조종사는 왜 여기에 우리를 내려줬을까! 지도에서 아니타의 위치 표시 숫자가 바로 여기를 가리켰기 때문이야. 하지 마! 위니프레드를 그냥 놔둬, 이 야수야!

참 이상하지. 하늘에 있던 '지구환경구조대'라는 쇠로 만든 새에서 아이들이 떨어진 것이 이번이 두 번째란 말이야.

아, 우리 비행기를 말하는 거야? 재미있는 걸……. 하지만 임무를 띤 한 사람 반의 비밀 지구환경구조대 대원들로서 네게 더 중요한 질문들을 좀 해야겠어. 음, 너는 왜 그렇게 이상한 옷을 입고 있는 거야? 아아아, 그 새총은 근사해. 나도 예전부터 하나 갖고 싶었는데 아빠가 그런 것 갖고 놀면 또 다쳐서 병원에 갈 거라고 해서…….

이 옷은 카마유라족이라면 다 입는 거야. 우리 부족은 몇백 년 동안 아마존 열대우림 지역에서 살았는데……. 어이, 그 기계는 뭐야? 그런 건 처음 봤는데.

18:05:00

아, 별 거 아니야. 인류가 멸망할 때까지 남은 시간을 나타내는 시계야……. 여기까지 오는데 엄청나게 오래 걸렸기 때문에 이제 18시간 밖에 안 남았네. 하지만 걱정할 것 없어. 왜냐하면 여기 이 아이, 책을 읽고 있는 이 아이가…… 지구환경구조대 대원이거든! 그렇지. 원한다면 사인을 해달라고 해도 돼! 나는 구니고 이 친구는 내 딱정벌레 위니프레드야. 위니프레드는 지구환경구조대 대원으로서 이름을 새로 받았는데, 우리가 임무를 수행해야 하기 때문이야. 위니프레드의 작전명은 녹색 반짝이야!

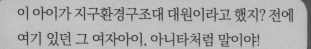

이 아이가 지구환경구조대 대원이라고 했지? 전에 여기 있던 그 여자아이, 아니타처럼 말이야!

뭐라고 했어? 아니타를 찾고 있는 거야? "아니타가 여기서 뭘 하고 있었어?"라고 묻는 거구나. 자, 날 따라와! 구니, 같이 가자!

우와! 이렇게 신기한 우연이 있나!

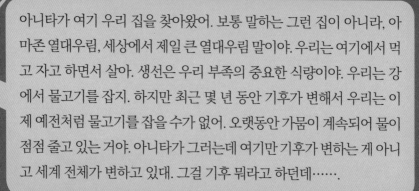

아니타가 여기 우리 집을 찾아왔어. 보통 말하는 그런 집이 아니라, 아마존 열대우림, 세상에서 제일 큰 열대우림 말이야. 우리는 여기에서 먹고 자고 하면서 살아. 생선은 우리 부족의 중요한 식량이야. 우리는 강에서 물고기를 잡지. 하지만 최근 몇 년 동안 기후가 변해서 우리는 이제 예전처럼 물고기를 잡을 수가 없어. 오랫동안 가뭄이 계속되어 물이 점점 줄고 있는 거야. 아니타가 그러는데 여기만 기후가 변하는 게 아니고 세계 전체가 변하고 있대. 그걸 기후 뭐라고 하던데……

변화! 이 말 하려고 한 거 맞지? 아, 우리는 기후변화에 대해 엄청나게 많이 알아!

사람들이 석유나 다른 화석연료를 태워 에너지로 쓰고 있잖아? 그것이 기후가 변하는 중요한 이유들 중 하나야. 아니타가 그러는데 아니타와 다른 지구환경구조대 대원들이 기후변화를 막을 방법을 찾으려고 애쓰고 있었대. 하루라도 빨리 찾으려고 말이야!

하지만 사람들이 살아가고 비디오 게임도 하고 뭐 그러려면 에너지가 필요하기 때문에 참 어려운 일인데……. 그래, 너희 부족은 그렇지 않을 거야. 네가 전기도 전혀 없는 숲속에서 사는 걸 보면 말이지. 생각해보면, 네가 힘들어지는 게 좀 불공평하기도 해. 그런 문제들을 네가 만든 것도 아닌데 말이야. 학교에서 네가 하지도 않은 일 때문에 수업 끝나고 남아야 하는 것과 같잖아.

아니타도 그렇게 말했는데! 아니타의 고향은 방글라데시인데 그 나라는 기후변화와 그것 때문에 생기는 심각한 날씨 문제로 굉장히 큰 위험에 처해 있대. 홍수가 나서 아니타는 집을 떠나야 했던 적이 많았대! 100년 만에 처음 볼 만큼 비가 심하게 쏟아져서 아니타의 가족이 오랫동안 기른 작물들이 전부 망가지기도 했고! 아니타는 기후변화 때문에 생기는 재앙이 더 심해지기 전에 그 기후변화를 좀 더 정확하게 알기 위해서 아마존에 온 거래.

그 다음에는 어떻게 되었어? 지구환경구조대 대원, 이제 우리가 수수께끼를 풀 것 같은데!

흠, 내가 아니타를 이곳에 데려오니까 아니타가 자기 노트에 뭔가를 열심히 쓰기 시작했어. 지구 육지 표면의 3분의 1정도를 차지하는 숲에 대해 무슨 말인가를 중얼거렸어. 더 알기 쉽게 설명하기 위해서 아니타는 내가 들고 있던 산딸기 세 개 중 하나를 가져가더니 산딸기 세 개가 육지 전체를 나타낸다면 그 중 하나는 숲을 나타내는 거라고 말했어.

숲이 너무 많은 거 아니야? 도시가 더 필요하잖아. 도시를 건설해야지. 그게 더 나은 것 아니야?

아니야! 우리에게는 숲이 필요해! 숲은 우리의 집이야. 재규어 같은 동물들에게도 마찬가지야. 그리고 아니타는 숲이 또 다른 중요한 역할을 한다고도 했어. 숲은 지구 전체를 위해 산소를 만들어내며 도시들 주변의 공기를 깨끗하게 하고 기온을 낮춰준대.

훌륭해! 들었지 워니…… 아 아니, 녹색 반짝이! 멋지지 않아?

하지만 아니타는 숲이 위험에 처해 있다고 했어. 숲속에 사는 동물들처럼 말이야. 1분이 지날 때마다 축구장 서른여섯 개 넓이의 숲이 사라진다는 걸 알고 있었니? 지구환경구조대 대원, 네가 이 책을 읽기 시작한 순간부터 얼마나 많은 숲이 사라졌는지 알아?

다음을 봐!

시간	축구장 몇 개 넓이의 숲이 없어졌을까
1분	36
5분	180
10분	360
15분	………
30분	………
1시간	………
1주일	………
1년	………

저기, 잠깐만. 내가 여기서 1분 동안 얘기하는 동안 이렇게 많은 숲이 없어진다고? 그럼 아무 말도 안 하면 어떻게 되는 거지? 시계를 보지 않는다면……? 아 머리 아파!

아니타는 숲이 왜 그렇게 빨리 사라지는지 알고 싶어 했어. 나는 아니타에게 나무들이 매일 죽는 이유들을 알고 있다고 했지. 기후가 변하고 더 따뜻해졌기 때문에 숲에 불이 더 많이 났어. 비는 점점 덜 오고 말이야. 사람들이 불법적으로 나무를 베어서 팔아. 그래서 아니타는 사용한 종이를 재활용하고 재사용 종이를 구입하는 방법으로 나무를 보호하는 게 중요하다고 했어. 그리고 나무나 종이로 된 물건을 사려고 할 때는 그 물건이 지속가능한 숲에서 나온 건지 알려주는 작은 표시를 찾아야 해……

무슨 말인지 모르겠는데……
무슨 표시?

네가 찾아볼 수 있는 작은 표시가 있는데, 그 나무가 지속가능한 숲에서 온·거라는 걸 뜻하는 거야. 이것은 사람들이 나무를 베어내면 그 자리에 다른 나무를 심으면서 숲을 소중히 여기고 잘 관리해야 한다는 걸 뜻하지. 그런데 슬프게도, 나무를 베는 행동만 숲을 망치는 건 아니야. 농부들이 숲을 농지로 만들거나 그들이 키우는 동물들이 풀을 뜯는 땅으로 만들고 싶어서 숲을 없애기도 하거든……. 그러다보니 재규어나 고릴라, 오랑우탄처럼 열대우림에 살던 동물들은 살던 곳이 없어지면서 멸종되는 거야. "그래서 아니타는 어떻게 해야 한다고 말한 거야?" 지구환경구조대 대원, 네가 이렇게 묻는 소리가 들리는 걸.

그래, 이 모든 끔찍한 일이 사악한 우웩과 무슨 관계가 있는 거야?

바로 그때 또 다른 지구환경구조대 대원 벤에게서 문자가 오는 바람에 아니타는 그 얘기를 할 시간이 없었어. 벤은 아니타에게 미국으로 즉시 와 달라고 했어. 아니타는 그러겠다고 하고는 자기가 첫 번째 슈퍼무기를 발견했다고 재빨리 속삭였어.

그건 재규어구나! 크, 지구환경구조대 대원 아니타는 진짜 똑똑한데…….

아마존 삼림
벌채 사진들

47

아니타는 내게 메모를 남겼어. 자기에게 무슨 일이 일어날 경우를 대비해 메모를 이곳에 두는 게 더 안전할 거라고 하더라. 그러면서 돌아와서 다 설명하겠다고 약속했어. 아니타는 또 나보고 지구환경구조대 대원이 되어달라는 말도 했어! 이것 봐. 이것이 아니타가 내게 준 거야. 아니타는 혹시라도 우왹이라는 자가 메모를 찾아낼 까봐 다 암호로 썼어……

숲은 LCBTVM을 만든다. 그러기 위해서 숲은 KVV-VD, 즉 이산화탄소를 받아들인다. 숲을 파괴하는 것=NLIV 우왹과 NLIV 기후 변화. 삼림 벌채는 기후 변화의 아주 큰 원인이다! 정확히 말하면 1/5다. 다시 말해, 그것은 우리의 기후가 변하는 핵심 IVZHLM이다. 더 많은 UL-IVHGH=줄어드는 기후 변화. 나무들은 우왹을 없앨 수 있는 VMVNB!

A	B	C	D	E	F	G	H	I	J	K	L	M	N	O	P	Q	R	S	T	U	V	W	X	Y	Z
Z	Y	X	W	V	U	T	S	R	Q	P	O	N	M	L	K	J	I	H	G	F	E	D	C	B	A

그래, 재규어를 보면 우왹은 완전히 겁에 질릴 거야. 진정한 슈퍼무기지! 지구환경구조대 대원, 왜 날 그렇게 보는 거야? 아니타가 말하려 했던 건 그게 아니라고 생각하는 거야? 걱정 마, 곧 우리가 이 일을 해결할 테니까.

친구들에게 다시 문자를 보내는 거야!!

암호를 푸는 답은:
LCBTVM=OXYGEN(산소),
KVV-VD=PEE-EW(슈우웩),
NLIV=MORE(더 많은),
NLIV=MORE(더 많은),
IVZHLM=REASON(원인),
ULIVHGH=FORESTS(숲),
VMVNB= ENEMY(적)

지구환경구조대에게

숲은 산소를 만들 뿐만 아니라, 산소를 만들기 위해 이산화탄소를 빨아들여요. 그래서 숲을 파괴하면 기후가 아주 나쁘게 변하는 거예요. 나무들은 그런 식으로 '숨을 쉬기' 때문에 우웩에게 큰 적이에요! 나무들이 첫번째 슈퍼무기예요! 지도의 다음 숫자는 미국에 있어요. 그곳은 지구환경구조대 대원 벤이 아니타에게 전화했을 때 있었던 곳이에요. 벤은 분명 두 번째 슈퍼무기의 단서를 찾고 있었을 거예요!

지구환경구조대 대원, 서둘러!
임무를 완수해야 하는 시간이 14시간 밖에 남지 않았어. 자세한 이야기는 나중에 하자.
P.S. 올리, 그 기름빨대가 널 찾고 있다는 걸 방금 알게 되었어. 바다 근처에는 가지 마! 그곳에서 올리가 널 습격할 거야!

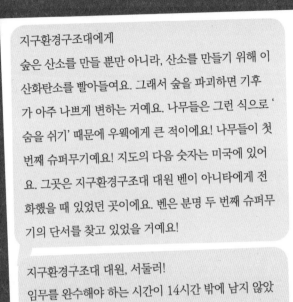

내가 비행기에서 쓴
메모

내가 알아낸 것들 (그런 것들……)

(온쉘)(이산화탄소)
지독한 냄새 (메탄) → 적은 양일 때= 지구의 생명체에게 좋고 꼭
　　　　　　　　　　　　　　　　필요하다.

　　　　　　　너무 많을 때=기후변화=기온이 올라간다,
　　　　　　　가뭄, 화재, 홍수, 육지의 얼음이 녹는다,
　　　　　　　아니타와 마르셀라가 고향을 떠나야 한다,
　　　　　　　숲이 사라지기 때문에 재규어 같은 동물들이
　　　　　　　사라진다…….

세 개의 슈퍼무기가 있다……그런데 그게 뭘까?

　　　첫 번째 슈퍼무기: 숲!

사람들은 숨을 쉴 때 산소를 마시고 온쉘을 내보낸다. 구니는 이
사실에 엄청나게 충격을 받았다. 구니는 숨을 쉬지 않으려고 굉
장히 애를 쓰다가 얼굴이 벌겋게 되었다.

나무가 '숨을 쉴' 때(이것을 광합성이라고 한다고 학교에서 배웠
다)는 사람이 숨을 쉴 때와 반대다. 나무는 햇빛, 온쉘, 물을 들
이마셔서 식량을 만든다. 그리고 이 과정이 끝나면 잎을 통해 공
기 속으로 산소를 내보낸다. 나무는 정말 굉장하다. 나무는 사
람들이 공기 속에 쏟아내는 온쉘의 5분의 1에 가까운 양을 빨아
들인다!!! 강력한 무기다!

두 번째 슈퍼무기는:?

세 번째 슈퍼무기는:?

50

내가 이해하지 못하는 것들

① 구니는 그 딱정벌레가 자기가 하는 말을 알아듣는다고 생각한다.

② 진짜다! 구니는 바로 지금도 그 딱정벌레에게 얘기하고 있다.

③ 구니는 마르셀라가 선물로 준 새총으로 딱정벌레를 비행기 너머로 날려 보냈다. 구니는 우리가 임무를 완수하려면 새총 기술이 필요할 수도 있기 때문에 연습을 하는 거라고 말했다. 하지만 딱정벌레는 날아가고 싶어 하지 않는 것 같다. 딱정벌레가……구니를 사랑하는 건가?

④ 조종사는 구니하고 얘기하지 않으려고 한다! 구니가 26번째로 지구환경구조대 대원 훈련 시험에 지원했다가 떨어진 얘기를 하는데 조종사가 조종석 문을 쾅 닫았다. 아니, 23번째와 25번째 사이의 이야기였던 것도 같고……[이미 지막 번호와 '내가 알아낸 것들'의 목록이 화살표로 연결되어 있다]

사라진 지구환경구조대 대원들은 어디에 있을까: 그들은 어디로……?
(비너스라는 행성에 있는 건 아니라면 좋겠다. 여름은 내가 좋아하는 계절이지만 그 불쌍한 대원들이 462도의 기온 속에 있다는 걸 생각하면 뼛속까지 오싹해지는데…….)

13:28:00

환경이 완전히 파괴
되기까지 10시간
남았다.

대------원! 도---와----줘! 있잖아, 그 조종사는 일부러
계속 그러는 거야. 처음에는 우리를 재규어 머리 위에 떨어
뜨리더니 이번에는 텍사스에서 젖소들이 엄청나게 많은 곳
에 떨어뜨렸어. 우와! 여기는 젖소 농장 한 가운데인 것 같은
데. 세상에, 내가 이제까지 잠이 안 올 때 마다 세었던 양보
다 더 많은 젖소가 있다니. 왜, 그거 있잖아! 양 한 마리 양 두
마리---쿨……. 지금까지 양을 343마리까지밖에 못 세었는
데. 그런데 여기에는 젖소들이 분명 그것보다 많아.

젖소는 4천 마리야! 정확히 말하면 4,032마리
지! 안녕, 지구환경구조대 대원들, 너희를 기다
렸어. 너희는 공장형 농장에 온 거야. 젖소가 무
지 많기 때문에 공장형이라고 하는 거야! 이 세
상의 농장들에 있는 젖소들을 모두 합하면 15억
마리라는 걸 상상해봐! 지구에 사는 사람들 네
명이나 다섯 명 당 젖소 한 마리인 거야.

말도 안 돼. 내가 아
는 사람 중에는 젖
소를 가진 사람이
아무도 없는데. 그
리고 분명히 말하는
데, 카우보이, 당장
나를 풀어줘!

이봐, 내가 밧줄로 널 잡은 건 네가 하마터면 젖소에게 짓밟힐 뻔했기 때문이야.

잠깐만⋯⋯. 내 머리가 빙빙 도는 건 젖소에게서 나는 냄새 때문인 건가? 아니면 네가 방금 "안녕, 지구환경구조대 대원들"이라고 말한 거야?

당연히 그랬지! 열흘 전에도 지구환경구조대 대원 두 명이 이곳을 찾아왔거든. 벤하고 아니타. 그 둘도 너희하고 똑같이 낙하산을 타고 내려왔어. 이렇게 말해도 괜찮다면, 그 둘은 떨어지면서도 굉장히 멋지고 폼이 나더라. 여기 책을 읽고 있는 네 친구처럼 말이야. 네가 아직 살아있다는 게 신기할 지경이야. 배를 땅에 그렇게 세게 부딪친 사람은 처음 봤거든. 분명히 꽤 아팠을 텐데⋯⋯

괜찮아, 괜찮아, 무슨 말인지 알겠어! 카우보이, 아니타와 벤이 이곳에 왔을 때 얘기를 다시 해보자!

매버릭이라고 불러.

그게 네 이름이야? 진짜? 와. 나도 그렇게 멋진 이름이 있으면 좋겠다.

고마워! 너는 네 친구들보다 더 오래 여기 있으면 좋겠다. 그 친구들을 만난 지 10분쯤 지났을 때 그 오싹한 여자가 끼어들었거든. 머리카락이 녹색이고 굉장히 무시무시한 여자였는데……

내가 지구환경구조대 대원이 되면, 내 이름을 매 버릭이라고 해도 괜찮겠어? 지구환경구조대 대원 암호명으로 말이야. 내 진짜 이름은 구니 버터핑거인데, 이름 때문에 사람들이 날 더 별로라고 생각한단 말이야. 그건 너무 불공평해. 왜냐하면 마음속에서, 그러니까, 정말 마음 깊은 곳에서 나는 이미 지구환경구조대 대원이거든. 모든 사람들에게 계속 그렇게 말하는데…….

말을 끊어서 미안하지만 네 친구가 나더러 그 무시 무시한 여자를 그려줄 수 있는지 물어봐서 말이야. 물론이지! 해볼게!

그 여자는 컸어! 벤은 그 여자가 나타날 거라고 걱정했지. 아티나에게 그렇게 말하는 걸 들었어.

흠. 벤은 젖소들을 보고 그렇게 말한 것뿐이야. 사람들이 아주 많은 고기를 먹고 싶어 하기 때문에 여기에 젖소들이 아주 많잖아. 벤이 그 무시무시한 여자가 나타날 거라고 걱정한 것은, 그 여자가 지독한 냄새라는 이름으로 살아간다 해도 진짜 이름은 메탄이기 때문이야. 그 여자는 젖소들이 방귀를 끼거나 트림을 할 때 공기 속에 퍼지는 눈에 안 보이는 가스잖아.

진짜 지구환경구조대 대원들이 점쟁이기도 한 건 또 몰랐네. 나도 정말 지구환경구조대 대원이 되고 싶어.

역겨워!

또 젖소들이 어떻게 할 때 지독한 냄새가 공기에 퍼지는지……. 이 얘기를 너희에게 어떻게 해야 할까……. 너희가 화장실에 가면 어떤 일이 일어나는지 다들 알고 있지?

그런 이야기까지 할 필요 없잖아!

으으으으! 그만!

낙농장과 목장에서는 우유나 고기를 얻기 위해 동물들을 키우잖아. 이런 농장들에서는 지독한 냄새가 많이 나오지. 솔직히 말하면 나는 전혀 몰랐어. 우리 가족은 예전에 작은 농장을 운영했어. 하지만 문을 닫아야 했고 아버지는 이 큰 농장에 와서 일하시게 된 거야. 나는 학교를 마치고 오후에는 농장에 와서 아버지를 도와드려. 하지만 벤이 그러는데 메탄이 다른 곳에서도 만들어진대.

공장형
농장의
진짜 모습들

그러니까 우리가
화석연료를 만들고 운반할
때나 우리가 버린 쓰레기가 매립
지에서 녹을 때처럼……
지독한 냄새는 대기 속에 우윅보다 적
게 있지만 태양열을 지구에 가두는
데는 우윅보다 더 강력하다고 벤
이 설명해줬어.

녹색 반짝이를 잘 봐! 지금 날개를 크게 펄럭이고 있어. 그것은 지독한 냄새가 금방이라도 나타날 것 같아서 걱정된다는 뜻이야!

그럴 수 있어……. 그 일이 일어났을 때도 지금처럼 벤하고 아니타하고 여기 앉아서 얘기하고 있었거든. 벤하고 아니타는 기후변화를 멈추고 싶다고 하면서 첫 번째 슈퍼무기를 어떻게 발견했는지에 대한 얘기를 하고 있었는데……. 벤은 이곳에 두 번째 슈퍼무기가 있다고 했어. 그러고 나서 그 아이들은 비행기에 실려 날아가는 과일과 채소얘기를 하기 시작했는데……

날아가는 채소라고? 어쩌면 그게 슈퍼무기일 거야! 지독한 냄새의 콧구멍으로 날아가는 양배추를 상상해봐!

사실 그 아이들은 과일과 채소가 여러 나라로 운반될 때 공기 속에 우웩이 퍼진다는 말을 하고 있었어. 그러니까 사람들은 자기 지역에서 생산되는 제철 과일을 먹어야 하는 거야. 하지만 그것이 젖소와 무슨 관계가 있는지는 모르겠어. 그리고 벤하고 아니타는 누군가 그 대화를 듣고 있다며 의심했어. 그래서 말을 멈추고 내용을 종이에 쓰기 시작했지. 그러자 지독한 냄새가 젖소 뒤에서 뛰쳐나왔어. 지독한 냄새는 제 정신이 아니었어!

아 저런! 무슨 일이 일어난 거야?

그 무시무시한 여자가 아주 크게 숨을 들이마셨어. 그러더니 오케스트라 지휘자처럼 두 손을 들었는데, 젖소들 모두 내가 평생 냄새를 맡았다고 생각했던 것보다 더 많은 방귀를 뀌는 거야! 지독한 냄새가 낄낄 웃으며 소리 질렀어. "젖소의 방귀, 공격해! 공격!"

다행히 나는 아니타와 벤을 내 밧줄로 감아서 말에 태운 다음 바다까지 전속력으로 달렸어. 고맙게도 지독한 냄새는 우리를 놓쳤지. 그 아이들은 해변에서 자기들을 데려가 줄 비행기를 불렀어. 비행기를 기다리는 동안 아니타가 벤에게 뭐라고 했냐면, 아까 둘이서 두 개의 슈퍼무기를 찾았다는 얘기를 할 때 지독한 냄새가 엿들었을까봐 걱정이라고 했어. 그때 휴대폰이 울리는 거야. 전화를 한 사람은 지구환경구조대 대원 제이슨이었는데, 자기가 대원 마리와 함께 아테네에서 세 번째 슈퍼무기를 찾았다고 했어. 내가 농장에 돌아왔을 때 지독한 냄새는 가버리고 없었어. 그런데 벤과 아니타가 메모를 놓고 갔거든. 내가 가지고 있는데, 볼래?

어이 지구환경구조대 대원, 이 카우보이는 방귀와 화장실에 대해 끝도 없이 얘기할 것 같은데. 떠날 때가 되지 않았어?

61

그러니까 벤, 동물 농장들, 특히 젖소 농장들 역시 사라져가는 숲 못지않게 기후변화의 원인이 된다는 거야! 수학을 잘하는 사람이라면 15퍼센트라고 이해하면 되는데……. 엄청나지, 안 그래?

그렇고말고. 하지만 그렇다고 해서 우리가 뭘 할 수 있는지 잘 모르겠어.

우리가 매일 하는 행동들 때문에 기후변화가 생긴다는 걸 깨닫는 것부터 시작하면 좋겠지.

이제부터 햄버거를 먹으면 안 된다는 뜻은 아니라고 해줘, 제발…….

아니야, 벤! 내 말은 우리가 더 균형 잡힌 식사를 하려고 노력할 수 있다는 거야. 예를 들면, 아침과 점심과 저녁에 꼭 소시지를 먹어야 할까? 소시지는 너의 건강과 지구의 건강에 좋은 음식이 아니잖아.

균형 잡힌 식사라고? 예전에 제이슨이 지중해식 식사에 대해 말한 적이 있는데, 제이슨의 고향이 유럽의 지중해 지역이거든. 그건 건강에 좋은 것 같더라. 샐러드와 과일과 콩과 렌즈콩을 많이 먹고 생선과 흰 살 고기는 조금 먹고 붉은 고기는 그것보다 덜 먹고…….

바로 그거야, 벤. 고기, 특히 쇠고기를 덜 먹어야 해. 왜냐하면 쇠고기를 먹는 것이 기후변화의 가장 큰 원인이거든. 그리고 샐러드와 과일, 콩과 렌즈콩 같은 콩류를 많이 먹어야 해! 소를 키우는 것에 비해 이런 것들을 키우는 건 환경에 영향을 덜 미치니까. 특히 채소나 과일이나 콩이 제철 음식이고 자기 지역에서 자라는 것이면 더 좋겠지. 과일이 우리의 식탁에 오르기 위해 지구 끝에서 오기도 한다는 걸 모르는 사람들이 있어.

키위는 뉴질랜드에서 한국으로 오잖아.

사실 말도 안 되는 일이지!

두 나라가 얼마나 멀리 떨어져 있는지 알지?

당연히 알지. 엄청난 푸드마일이야.

곡식이나 과일이나 채소 같은 것들이 자란 곳에서 우리집 식탁까지 오는데 이동한 거리를 푸드마일이라고 하지. 또 우웩도 많이 만들어내잖아!

그러니까 슈퍼마켓에서 살 수 있다고 해도 겨울에는 수박을 먹으면 안 되는 건가?

그렇지. 제철 과일과 채소는 기르는데 에너지도 덜 들고 화학비료도 덜 쓰니까.

좋았어. 슈퍼무기가 뭔지 확실해진 것 같은데.

그래! 아니타, 그래서 내가 너더러 여기에 오자고 한 거야.

그건 T.A.T.E.W.M.E.C야!

그-래. 전혀 모르겠는데.

M.W.C는 알겠지…….

그것도 모르겠는데…….

아, 제발 벤! S.C.!

아, 알았다! 이런 뜻이구나:

THINKING ABOUT THE ENVIRONMENT WHEN MAKING EVERYDAY

CHOICES=MAKING WISE CHOICES=SUSTAINABLE CHOICE

매일 선택을 할 때마다 환경을 생각할 것

=현명한 선택을 할 것=지속가능한 선택

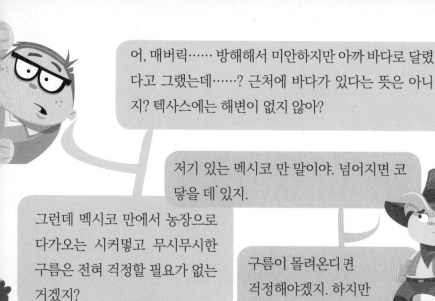

어, 매버릭…… 방해해서 미안하지만 아까 바다로 달렸다고 그랬는데……? 근처에 바다가 있다는 뜻은 아니지? 텍사스에는 해변이 없지 않아?

저기 있는 멕시코 만 말이야. 넘어지면 코 닿을 데 있지.

그런데 멕시코 만에서 농장으로 다가오는 시커멓고 무시무시한 구름은 전혀 걱정할 필요가 없는 거겠지?

구름이 몰려온디 면 걱정해야겠지. 하지만 그런 일은 절대 없어.

음, 지구환경구조대 대원, 널 흥분하게 하고 싶진 않지만, 아까 네 태블릿에서 우리를 쫓고 있는 올리, 그 기름빨대에 대해 뭔가를 봤는데 말이지? 여기 있는 녹색 반짝이가 그러는데 바다에서 어떤 검은 괴물이 다가오고 있다고……. 점점 가까워지는데……. 봐, 바로 저기! 저기 있어. 그것이 태양을 가려버렸어! 하늘이 완전히 깜깜해졌어! 아무 것도 안 보여.

내가 비행기에서
쓴 메모

매버릭이 자기 말에 올라타더니 밧줄로 우리도 말
위로 끌어올렸다! 그런 다음 우리는 올리를 따돌리며 비
행기까지 달려갔다. 매버릭은 정말 빠른 카우보이다! 작
별인사를 하기 전에, 매버릭은 우리에게 자기 밧줄을 주
었다. 구니는 이제 그걸로 밧줄 던지기 연습을 하고 있
다. 지금까지는 비행기 조종사를 잡았을 뿐……

이제 임무 완수까지 여섯 시간밖에 남지 않았다. 아직
한 가지 슈퍼무기를 더 찾아야 하고 사라진 대원들도 찾
아야 한다. 그 임무를 어떻게 완수해야 하는지 모르겠
다……

지금까지 알아낸 것들

비너스 계획: 지구를 비너스라는 행성처럼 뜨거운 오
븐으로 만드는 것.

첫 번째 슈퍼무기: 숲(우리가 어떤 일이 있어도 숲과 나무를 보호
하고 도시의 안과 밖에 녹색 잎 식물을 많이 심어야 한다는 뜻)

두 번째 슈퍼무기: 지속 가능한 선택들(뭔가를 먹거나
살 때 자신만 생각하지 말고 우리 지구와 인류 전체의
운명처럼 다른 것들도 생각해봐야 한다는 뜻!)

세 번째 슈퍼무기:

????????

사라진 지구환경구조대 대원들이 있는 곳:
?????????

임무 완수까지 남은 시간: 여섯 시간 밖에 남지 않음!
이렇게 최첨단 비행기로 간다고 해도 미국에서 유럽으
로 다시 가는데 한참이 걸릴 것이다……

지구환경구조대 대원,
임무 완수 시간까지 이제 30분도 안 남았어…….
나쁜 소식을 전하고 싶지는 않지만…….

우리는 비참하게 실패했어.

그래, 이건 지구환경구조대 대원 역사에서 한 번도 볼 수 없었던
엄청나고 완전한 실패야.
우리는 지금까지 활동했던 모든 지구환경구조대 대원들 중 가장 형편없는 한
사람 반의 대원으로 기억될 거야. 지금 우리는 세 번째 슈퍼무기도 찾지 못하고
사라진 대원들이 있는 곳도 알아내지도 못한 채 아크로폴리스 꼭대기, 가장 중요한
고대 그리스 신전이며 서구 문명의 상징인 곳에 와 있잖아. 녹색 반짝이마저도 포기
하고 떠났어! 녹색 반짝이가 날 떠날 거라고는 예상하지 못했어. 하지만 생각해보
면, 누가 녹색 반짝이를 탓할 수 있겠어…….
난 너희 둘을 실망시켰어. 아니! 그만해! 내 기분을 풀어주려고 애쓰지 마…….
내가 지구환경구조대 대원 훈련에서 계속 떨어지는 데는 분명히 이유가 있
는 거야. 나를 오랫동안 찾았다면 미안해. 어쩌다보니 낙하산을 잘못 조
종해서 이 언덕이 아닌 엉뚱한 곳으로 갔지 뭐야. 그래, 내가 그렇
게 멍청하다니까! 나는 쓰레기통에서 기어 나와서 기상청 과
학자들이 하늘로 막 날려 보내려던 커다란 기상관측
풍선에 올라탔어.

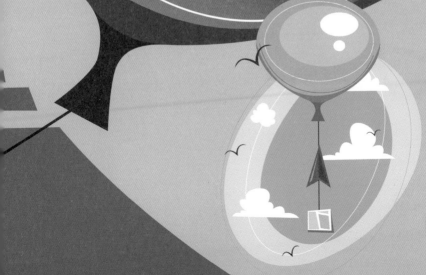

그 사람들이 그러는데 대기 속의 기온과 습도에 대한 자료를
모으기 위해 그 풍선을 하늘로 날리는 거라고……. 아, 나는 제
이슨이 아주 많이 보고 싶을 거야. 너도 보고 싶을 거야. 그리고,
자기에게 밧줄 던지는 연습을 했다고 조금 전에 날 때리려 했던
비행기 조종사도 보고 싶을 거야.

실망하지 말란 얘기는 그만 둬! 아직 시간이 있다는 얘기도
하지 마! 다 끝났어! 우리는 절대 성공하지 못해…….

너는 그 차들을 아주 열심히 보고 있구나. 이 시간에 차가 굉
장히 많이 막힌다는 건 아는데……. 또 너는 저쪽의 건물과 공
장들도 보고 있는데……. 너는 온 사방을 보고 있잖아!

무슨 일이야! 뭐라고 속삭인 거야? "퍼즐을 완
성하는 세 개의 조각이라고 지도에 있었는
데……. 이것이 사라진 조각이야!" 잠깐, 그게
무슨 말이야?

"저길 봐!"라고 넌 말하고 있는데. 그런데 어디 말이야? 나무라고? 잠깐, 네 말이 맞아! 거기에 뭔가가 쓰여 있어. 제이슨과 마리가 우웍에게 납치되기 전에 이걸 그려놓은 게 분명해. 그 아이들이 나무 밑 부분에 OON과 OOK 같은 표시를 했어. 그건 그 아이들 암호명이잖아!

우와! 마지막 부분은 정말 크구나! 사람이 만드는 온실가스 원인들 중 처음 두 가지를 없애는 슈퍼무기는 찾아냈지만, 세 번째 원인은 어떻게 하지? 시간이 없잖아. 우리는 완전히 실패한 거야!!!!

잠깐, 그 지도에서 그리스의 아테네 바로 위에 '살살 밟을 것.'이라고 되어 있지 않았어? 무거운 옷을 입지 말아야 한다는 뜻인가? 그리고 이 화살표는 뭐지? 하늘을 가리키고 있잖아. 아니⋯⋯태양이구나! 태양을 가리키고 있어! 발자국은 뭘 뜻하는 거지? 우리 발이 크다는 건가? "바로 그거야!"라고? 무슨 뜻이야?

뭐가 뭔지 하나도 모르겠어. 초조해서 죽을 것만 같은데. 지구환경구조대 대원, 지금 네 친구들에게 문자를 보내고 있을 때가 아니야!!!

우와! 대단하네. 아 안 돼! 시계를 봐. 14분밖에 안 남았고 우린 지구환경구조대 대원들을 못 찾았어. 이제 어떻게 해.

도와줘--------!

우웩과 지독한 냄새가 오고 있어!!!!!

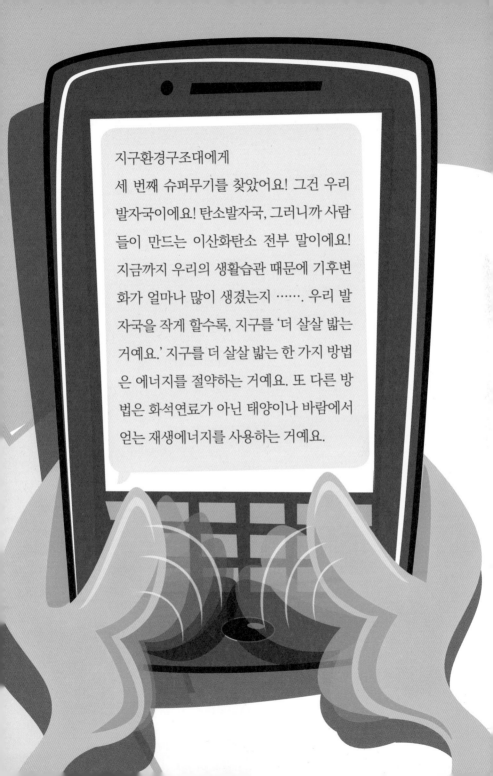

지구환경구조대에게
세 번째 슈퍼무기를 찾았어요! 그건 우리
발자국이에요! 탄소발자국, 그러니까 사람
들이 만드는 이산화탄소 전부 말이에요!
지금까지 우리의 생활습관 때문에 기후변
화가 얼마나 많이 생겼는지 ……. 우리 발
자국을 작게 할수록, 지구를 '더 살살 밟는
거예요.' 지구를 더 살살 밟는 한 가지 방법
은 에너지를 절약하는 거예요. 또 다른 방
법은 화석연료가 아닌 태양이나 바람에서
얻는 재생에너지를 사용하는 거예요.

이제 그만해! 기회가 있었을 때 너희를 납치했어야 하는데, 내 잘못이야!

 여보, 당신은 계속 사람들이 당신을 무시하도록 하고 있네요. 내가 말한 것처럼 다들 데리고 대기로 가서……

쉬이이잇! 당신 때문에 우리가 지구환경구조대 대원들을 어디로 데려갔는지 다들 알겠어! 영화에 나오는 멍청한 악당들이나 그러잖아! 당신을 다시 슈퍼악당 훈련소에 보내야겠는걸!

 으, 오싹해요. 아이들은 이제 포위됐어요. 탑에서 나오지 않으면 아무 데도 갈 수 없어요…… 그런데 이 윙윙 소리는 뭐죠? 파리나 뭐 그런 것들이 모여 있는 소리 같은데요……

지구환경구조대 대원,
하늘을 봐!

이 작은 짐승들은 다 뭐야?

알았다!!!! 녹색 반짝이가 온 거야. 친구들을 잔뜩
데리고 말이지. 엄청나게 많이 데리고!!!!
지구환경구조대 대원, 나하고 같은 생각을 하고
있는 거야? 내가 우웩과 지독한 냄새의 관심을 딴
데로 돌릴게! 넌 뭘 해야 하는지 알거야. 내가 아
까 하늘에 뜬 기상관측 풍선 얘기를 했잖아. 그 풍
선이 바로 지금쯤 이곳을 지날 거야! 내가 이렇
게 멍청하다니까, 설명할 필요도 없는 건데! 너는
이미 낙하산을 잡았는데 말이지! 지구환경구조대
대원, 우리에게 행운이 있길. 혹시 우리가 살아남
지 못한다면, 너를 도와 이 임무를 수행할 수 있어
서 영광이었다고 말하고 싶어!

아! 뭐지? 저 통통한 아이가 자기 새총으로 내 헬멧에 뭔가를 던졌어. 작은 구슬이야! 꼬마야, 세상에서 가장 중요한 기념물을 망가뜨린 걸 창피하게 생각해라! 요즘 아이들이란……. 아, 또 머리를 구슬에 맞았어! 이건 파르테논 신전이야, 이 공공기물 파괴자야! BC 5세기에 건설된 신전이라고! 아 세상에, 앞이 하나도 안 보여……이 파리들이……. 여보, 아이들은 어디 있지? 도와줘, 비너스 계획이 위태로워! 비너스라는 행성처럼 지구를 뜨겁게 달궈야 한단 말이야!

74

여보, 걱정 말아요! 저 통통한 아이는 나한테 맡겨요. 아이는 기둥 뒤에 숨어 있어요. 아, 아니! 저게 뭐지? 밧줄이잖아! 아이가 밧줄을 내 쪽으로 던져요. 이게 대체 어떻게 된 거지? 책 중간쯤만 해도 저 아이는 아무 데도 쓸모가 없었는데! 대체 어떻게 된 거야? 하! 빗나갔네! 흠, 당연하지. 넌 매버릭이 아니잖아. 그런데 잠깐, 다른 지구환경구조대 대원은 어디 간 거야? 책을 읽고 있던 그 진짜 구조대 대원 말이야. 아, 파리들이 사방에 있어서 아무 것도 볼 수가 없어.

하지 마! 녹색 딱정벌레, 물지 마! 사방에 파리들이 있어! 아무 것도 안 보여!!!

모두 쉿! 지구환경구조대 대원이 무슨 말을 하려고 하는데……. 뭐라고……? 누구……?

지구환경구조대 대원이 구니도 한 팀이었다고 그러는데. 구니가 없었더라면 못했을 거래!

정말 진정한 친구들이구나! 어떤 지구환경구조대 대원도 혼자 뭘 할 수는 없지……. 너희 둘 다 잘 했어!

잠깐, 이 용감하고 겁 없는 대원이 침대에서 또 다른 말을 속삭이고 있어. 그 얘기를 들을 수 있게 내가 침대 옆에 앉아서…… 응, 응…… 흠. 정말이야? 그래도 어떻게! 흠, 그렇게 말한다면……. 그렇다면 그렇게 하지 뭐! 음……

구니, 우리 팀에 들어온 걸 환영한다!

무슨 뜻이에요, 오메가 대원?

지금부터는 너도 지구환경구조대 대원이라는 뜻이야! 반쪽짜리 대원이 아니라 완전한 대원!

마마마마마마말도 아아아아아안돼! 믿어지지 않아요! 내가 진짜 지구환경구조대 대원이 된다고요? 반쪽짜리 대원이 아니고요? 정식 대원 말이에요? 취소하기 없는 거죠?

음, 당연히 그렇지…….

예에에에스! 날 매버릭이라고 불러줄래요? 지구환경구조대 대원 매버릭, 근사하잖아요!

음, 구니, 자세한 얘기는 나중에 하는 게 어떨까? 지금 델타에게서 아주 중요한 편지가 오는데, 지구환경구조대 대원이 당장 읽어야 해서…….

친애하는

지구환경구조대 대원,

임무 완수를 축하한다! 어려움이 많았는데도, 구니의 도움을 받아(대부분 '진짜 도움'이었던 것 맞겠지?) 대원은 기후변화를 막을 세 개의 슈퍼무기를 찾아냈다! 그뿐만 아니라 대원은 다른 지구환경구조대 대원들까지 구했다. 축하한다! 지구환경구조대에서는 모두가 대원의 활약에 깊이 감사한다.

편지를 마치기 전에 비밀 한 가지를 말해주려고 한다.

대원이 대기를 뚫고 기상관측 풍선으로 올라갔을 때 지구를 내려다보았나? 멀리에서 보니 지구는 공처럼 보였겠지? 우주에 홀로 떠다니는 공…… 하지만 이 작은 공은 우리에게 아주 중요한데, 바로 우리가 이곳에서 살기 때문이다. 대원이 알아낸 것처럼, 우리는 비너스라는 행성에 가서 살 수 없어. 자, 내가 하려고 하는 말은 이거다. 우리는 여기 이 지구에서 살아가면서 우리의 행성이 영원하고 자원도 그럴 거라고 생각한다! "화석연료를 태워 공기를 오염시킨다 해도 무슨 상관이야?"라고 생각한다. 하지만 진실은, 대원이 우주에서 본 것처럼 우주는 끝도 없이 펼쳐져 있지만 우리 지구는 작은 공 정도일 뿐이야. 그리고 우리는 이곳 말고는 갈 데가 없다.

우리가 살고 있는 지구가 우주선 같은 곳이라고 생각해 봐. 우리가 우주선에 산다고 생각한다면 공기를 오염시킬 수 있을까? 음식이나 땅은? 절대 아니겠지! 아주 정성들여 보살필 거야, 그렇지? 그러니까, 자신이 가진 것에 감사하기 위해 가끔씩 아주 멀리 떠나봐야 하는 거다.

하지만 내가 말하려던 비밀은 이게 아니다.

진짜 비밀은, 대원이 한 번에 세상을 구할 수는 없다는 거야. 잠에서 깨는 매일 매일, 반복하고 반복해서 세상을 구하는 것이지! 사용하지 않는 불을 끄고 가전제품의 대기 전원을 꺼서 에너지를 아낄 때마다 세상을 구하는 거다.

어딘가를 자전거를 타고 가거나 자동차를 함께 타고 갈 때마다 세상을 구하는 거야. 먼 곳에서 우리 집 식탁까지 온 식품대신 내가 사는 지역에서 생산되는 식품을 먹을 때도 세상을 구하는 거야. 나무를 심을 때마다 세상을 구하는 것이지. 우웩과 지독한 냄새가 만들어지지 않게 하고 지구에서 탄소발자국을 줄일 수 있는 아이디어를 생각해낼 때마다…….

다시 말하면, 대원의 임무는 여기에서 끝나는 게 아니다. 슈퍼무기에 대한 반가운 뉴스를 다른 사람들에게도 전하고 그 슈퍼무기들을 매일 사용할 방법들을 찾아야 하는 것이다. 우웩과 지독한 냄새는 그렇게 쉽게 포기하지 않을 거다. 우리는 잠시 동안 그 둘을 막은 것뿐이다! 우리가 지구환경구조대 문을 다시 열었기 때문에, 대원의 도움이 그 어느 때보다 더 많이 필요할 거다. 대원이 매일 영웅이 되어줘야 한다.

그리고 대원이 뭘 해야 할지 모르겠다는 생각이 들 때, 포기하고 싶은 생각이 들 때, 그런 느낌에 져서는 안 된다! 내가 대원을 위해 다음 페이지에 놓아둔 안경으로 지구를 보면서 왜 지구환경구조대 대원이 되었는지 기억해 봐. 강인한 힘과 용기로 중요한 임무를 완수해가길 바란다!

존경과 짙은 녹색의 소망을 보내며,
지구환경구조대 대장
델타 ◢

안녕, 나의 집, 지구 같은 곳은 어디에도 없어.

끝

아하, 그래. 우왝과 지독한 냄새가 싸워보지도 않고 포기할 거라고 생각한 거야? 지구환경구조대 대원, 너와 네 친구들이 그만 두는 게 더 빠를걸!

지구환경구조대 대원증

이름
매버릭2

나이
8.5

성별
남

고향
영국 런던

구조대원 활동 기간
24시간

전문분야
얼마 전까지 지구환경구조대 대원 훈련 시험
에서 떨어짐. 오늘부터는 못할 게 없다!

좋아하는 색
메탈릭 그린(위니프레드의)

좋아하는 디저트
전부 다

비밀무기
조수인 녹색 반짝이

비밀 슈퍼파워
절대 꿈을 포기하지 않는 것

적을 놀라게 하는데 사용하는 도구
휘청거리는 두 발

마지막으로 하고 싶은 말
이제 내가 진짜 지구환경구조대 대원이 되었다는 게 믿어지지 않아. 위니프레드!
야--호!

지구환경구조대에서 날 대원으로 받아준 걸
후회하고 이 아이디를 다시 가져가는 일이 없
어야 하는데. 만일의 경우에 대비해 복사를 해
두는 게 좋겠어. 그래, 지구환경구조대에서는
내가 훈련을 조금 더 받아야 한다고 했고 그 조종
사는 그만 두라고 겁을 줬지만, 난 내가 해낼 거라는 걸
알아. 왜냐하면 내 마음 깊은 곳에서, 아주 깊은 곳에서, 정말
깊은 곳에서 난 언제나 내가 지구환경구조대 대원이라는 걸
알고 있었으니까!!!

일상생활에서 사용하는 세 개의 슈퍼무기

몇 가지 아이디어

슈퍼무기 1: 숲

나무를 구하기 위해 양면을 사용한 종이를 재활용할 것! 필요하지 않은 것은 인쇄하지 말 것!

재활용 제품이나 FSC 인증 표시(　　　)가 있는 제품(그 제품이 지속가능한 숲에서 온 것이라는 뜻)을 살 것!

나무를 심고, 발코니와 정원과 도시를 푸르게 가꿔서 최선을 다해 우뢲을 없앨 것!

슈퍼무기 2: 지속가능한 선택

물건을 살 때, 자신이 살고 있는 지역에서 생산되는 제철 과일과 채소를 선택할 것.

지구환경구조대 대원 제이슨의 지중해식 식사를 보면서, 부모님과 균형 잡힌 식사 계획을 짜 볼 것!

발코니나 정원, 혹은 학교에 자신의 채소 정원을 만들 것! 작은 토마토 나무로 시작해보면 어떨까?

슈퍼무기 3: 살살 밟기

집에서 에너지를 아낄 것! 문과 창문에 종이를 대보고 집의 어느 부분에서 바람이 들어오는지 알아볼 것. 종이가 움직이면 밖에서 공기가 집안으로 들어온다는 뜻이다. 문이나 창문에 단열처리를 할 방법을 생각해볼 것. 엄마의 낡은 스타킹을 사용하여 틈을 막으면 열을 집안에 잡아둘 수 있을까? 충전기를 꽂아두면 전기를 낭비하므로 사용하지 않는 충전기들은 플러그를 뽑아둘 것. 가전제품의 대기전원을 끌 것. 이런 것 말고도 더 할 수 있는 일들을 부모님과 얘기해볼 것!

가능하면 대중교통과 자신의 자전거를 이용할 것! 자동차로 여행할 때 더 많은 우웩이 만들어지기 때문이다!

우웩과 지독한 냄새를 만들지 않는 재생에너지를 사용할 방법에 대해 더 많이 배워볼 것! 피자 상자와 은박지로 태양열 오븐을 만들어 실험을 해보면서 태양 에너지가 얼마나 좋은지 볼 것! 집에 공급되는 에너지를 녹색에너지 또는 태양열 에너지로 바꿀 수 있는지 부모님과 의논해볼 것. 그렇게 하면 집 전체에 재생에너지로 전력을 공급할 수 있을 것이다! 얼마나 근사한가?

지구환경구조대

The Planet Agents

The Planet Agents(지구환경구조대)는 어린이들의 성장에 도움을 주고자 2009년에 설립된 NGO 단체입니다. 이 조직은 혁신적인 교육 자료의 분석과 활동을 통해 주요한 활동을 하고 있으며, 아이들이 더 나은 미래 사회를 구성하는 시민으로 성장할 수 있도록 돕고 있습니다. The Planet Agents(지구환경구조대)의 교육 프로그램은 그리스 교육부의 승인을 받았으며 그리스 전역의 공립 및 사립 초등학교에서 시행되고 있습니다.

2013년 그리스 교육청은 The Planet Agents(지구환경구조대)교육 프로그램을 그리스 초중등 교육의 가장 혁신적인 100개 프로그램 중 하나로 선정했습니다.

단체의 활동과 학교 프로그램에 관심있는 사람들은 www.planetagents.org 에서 자세한 내용을 확인할 수 있습니다.

엘레니 안드레디스
암호명: 00저자

지구환경구조대 요원 엘레니는 이 책을 만들기 위한 궁극의 비밀 무기이자 그가 설립한 비영리 회사에서 아이들의 힘을 느꼈고, 그것을 바탕으로 이 글을 썼다. 그는 하버드 대학교에서 환경 정책과 미디어를 공부했다. 그리고 그리스와 미국, 영국 독일 등을 누비며 포드 자동차 회사, 액센츄어, BBC 영국 본사와 같은 기업, 조직 및 공공 기관에서 환경 컨설턴트로 일했다. 환경 컨설턴트로 일하던 미국의 회사에서 다큐멘터리 제작을 위해 인도로 간 것이 운명의 전환점이 되었다. 그곳에서 비닐봉지 사용 금지 운동을 하는 아이들을 만났고, 바로 그 아이들이 이 세상을 바꿀 힘을 가지고 있다고 확신했다. 이후 가족이 운영하는 관광사업 Sani A.E.에서 일하기 위해 그리스로 이사했으며, 사니 그린 프로그램을 기획했다.

어떤 사람들은 그가 사령관 델타라고 생각하지만, 그는 사실이 아니라고 말한다. 대신, 에콰도르 갈라파고스 제도에서 다이빙을 하다가 델타 사령관을 '우연히' 만난 적이 있다고 주장한다.

스테파노스 콜치도풀로스
암호명: 00일러스트레이터

지구환경구조대 요원 스테파노스는 어린 시절 텔레비전 속 만화 영화를 보며 많은 시간을 보내면서 요원이 되는 훈련을 시작했다. 그러면서 애니메이션과 재미있는 그림이 그가 세계를 지배하는데 필요한 궁극적인 수단이 될 것이라고 결정했다. 그는 런던 길드홀 대학교와 미들섹스 대학교에서 시각 커뮤니케이션 디자인과 애니메이션을 전공했다. 또한 그리스, 스웨덴, 덴마크의 주요 국제 광고 회사에 합류하기 전에 MTV와 같은 글로벌 방송사에서 근무하기도 했다. 어느날 공원에서 델타와 우연히 마주쳤는데. 그때 델타는 그가 인류의 이익을 위해 일할 수 있는 독특한 능력을 가지고 있다고 말했다. 그런 이유로 현재 지구환경구조대 요원으로 일하고 있으며, 그렇게 할 수 있어서 정말 다행이라고 생각한다.

이순영
암호명: 00옮긴이

고려대학교 노어노문학과와 성균관대학교 대학원 번역학과를 졸업했으며, 현재 전문번역가로 일하고 있다. 옮긴 책으로 《워런 13세와 속삭이는 숲》《다섯 가지 소원》《사람은 무엇으로 사는가》 등이 있다.

지구환경구조대 · 우웩의 복수

초판 1쇄 | 2021년 2월 25일

지은이 | 엘레니 안드레아디스
그 림 | 스테파노스 콜치도풀로스
옮긴이 | 이순영
편 집 | 강완구
디자인 | S-design
펴낸곳 | 도서출판 써네스트
펴낸이 | 강완구
출판등록 | 2005년 7월 13일 제 2017-000293호
주 소 | 서울시 마포구 망원로 94 2층 203호
전 화 | 02-332-9384 팩 스 | 0303-0006-9384
이메일 | sunestbooks@yahoo.co.kr
홈페이지 | www.sunest.co.kr
ISBN | 979-11-90631-20-4(73450) 값 11,000원